科学のアルバム

サンゴ礁の世界

白井祥平

あかね書房

もくじ

イラスト●神山博光
渡辺洋二
美創社
林　四郎
装丁●画工舎

科学のアルバム

サンゴ礁の世界

白井祥平（しらい しょうへい）

一九三三年、大阪府に生まれる。

東京水産《すいさん》大学（現東京海洋大学）増殖《ぞうしょく》学科を卒業。同大学鹹水《かんすい》増殖学科専攻科修了。

同大学在学中より数かずの海洋調査《ちょうさ》に参加《さんか》。

日本におけるスキューバ潜水《せんすい》の普及《ふきゅう》につとめ、日本で初めての海中公園調査をおこなう。

また、真珠貝《しんじゅがい》の養殖《ようしょく》にとりくみ、世界で初めての人工増殖に成功、業界に寄与《きよ》する。

一九六一年より、太平洋資源《しげん》開発研究所を主宰《しゅさい》。

世界的な視野《しや》で海洋水産の調査開発にとりくみ、海外調査を数多くおこなっている。

おもな著書《ちょしょ》に「真珠」（講談社）、「サンゴ礁《しょう》への招待」（北隆館）、

「サンゴ礁の世界」（沖縄高速印刷出版部）などがある。

南《みなみ》の海《うみ》は、
とおくすみきった青空《あおぞら》のようです。
その中《なか》に、エメラルドグリーンの、
サンゴ礁《しょう》のおびにかこまれた島《しま》が、
いくつもうかんでいます。

●サンゴ礁《しょう》の島《しま》のはまべは，美《うつく》しいサンゴ砂《ずな》でできている。(ミクロネシア・トラック環礁《かんしょう》)

⬆ミクロネシアのトラック環礁《かんしょう》。石《いし》サンゴのなかまが島《しま》のまわりにたくさんよりあつまって，このサンゴ礁《しょう》をつくりあげた。島《しま》をまもる防波堤《ぼうはてい》のやくめをしているのがよくわかる。

←サンゴ礁《しょう》の海《うみ》の中《なか》。えだ状《じょう》の**ミドリイシ**のまわりを、美《うつく》しい熱帯魚《ねったいぎょ》がおよぎまわる。（ミクロネシア・サイパン島《とう》・水深《すいしん》四メートル）

サンゴ礁《しょう》とは

サンゴ礁《しょう》は、イソギンチャクににた造《ぞう》礁《しょう》サンゴや、※石灰藻《せっかいそう》や、貝《かい》などの死《し》がいがつみかさなってできます。サンゴ礁《しょう》の外《そと》がわの部分《ぶぶん》は外礁《がいしょう》とよばれ、サンゴ礁《しょう》を形《かたち》づくる生物《せいぶつ》が沖《おき》へ沖《おき》へと成長《せいちょう》をつづけます。内《うち》がわは波《なみ》によってこわされ砂《すな》となり、海底《かいてい》にたい積《せき》して、礁湖《しょうこ》（ラグーン）とよばれるあさい海《うみ》ができます。

サンゴ礁《しょう》は、熱帯《ねったい》、亜熱帯地方《あねったいちほう》の水面《すいめん》から五十メートルくらいのあさい海《うみ》でみられます。日本《にっぽん》では、奄美《あまみ》大島《おおしま》や沖縄《おきなわ》の海《うみ》でみられます。

※**石灰藻《せっかいそう》**　下等《かとう》な植物《しょくぶつ》の一種《いっしゅ》で、海中《かいちゅう》から石灰分《せっかいぶん》をとりいれて、からだにためこむ。サンゴモなどがこのなかま。

↑外洋《がいよう》の潮《しお》とおしのよい，あさい海《うみ》にすむ**トゲサンゴ**。群体《ぐんたい》の直径《ちょっけい》は30センチある。（沖縄県《おきなわけん》・石垣島《いしがきじま》・水深《すいしん》３メートル）

↑波《なみ》のしずかなところにすむ**エダミドリイシ**の一種《いっしゅ》。（沖縄県《おきなわけん》・石垣島《いしがきじま》・水深《すいしん》２メートル）

サンゴ虫《ちゅう》（ポリプ）

サンゴ礁《しょう》をつくる生物《せいぶつ》で中心《ちゅうしん》になるのは、石《いし》サンゴのなかまです。このなかまは、イソギンチャクのような形《かたち》をした、小《ちい》さなサンゴ虫《ちゅう》（ポリプ）からできています。

サンゴ虫《ちゅう》は、一ぴきだけ（単体《たんたい》）、あるいはたくさんあつまって（群体《ぐんたい》）生活《せいかつ》しています。

石《いし》サンゴのなかまは、世界中《せかいじゅう》に二千五百種《せんごひゃくしゅ》もあります。そのうち、サンゴ礁《しょう》をつくる石《いし》サンゴを造礁《ぞうしょう》サンゴといい、その多《おお》くは群体《ぐんたい》で生活《せいかつ》しています。

↑イソギンチャクににた**ジュウジキサンゴ**。サンゴ虫《ちゅう》は，直径《ちょっけい》5ミリぐらい。長《なが》い触手《しょくしゅ》にえものがふれると，刺胞《しほう》から毒《どく》ばりをとばしてつかまえる。(和歌山県《わかやまけん》・串本《くしもと》・水深《すいしん》25メートル以上《いじょう》)

➡夜《よる》、キクの花《はな》のような触手《しょくしゅ》をのばしたアザミサンゴの群体《ぐんたい》。
⬅触手《しょくしゅ》をちぢめたところ。トゲのようなからだをしきる骨《ほね》(隔壁《かくへき》)がみえる。(沖縄県《おきなわけん》・水深《すいしん》一メートル)

サンゴ虫《ちゅう》の生活《せいかつ》

サンゴ虫《ちゅう》が生《い》きるのにかかせない酸素《さんそ》は、からだの中《なか》にすみついている、小《ちい》さな褐虫藻《かっちゅうそう》(ゾーキサンテラ)からもらいます。褐虫藻《かっちゅうそう》は、サンゴのはきだした二酸化炭素《にさんかたんそ》をもらいます。

このように、おたがいにたすけあって生活《せいかつ》している関係《かんけい》を、共生《きょうせい》といいます。

サンゴ虫《ちゅう》のおもなえさは、動物《どうぶつ》プランクトンです。これを、触手《しょくしゅ》にある刺胞《しほう》から毒《どく》ばりをだしてつかまえるのです。

↑沖縄県《おきなわけん》石垣島《いしがきじま》の東《ひがし》海《かい》岸《がん》のサンゴ礁《しょう》。島《しま》のまわりのあさい海岸《かいがん》にそってできているので**裾礁**《きょしょう》という。

↑裾礁《きょしょう》が大《おお》きくなり、島《しま》がしずみあさい礁《しょう》湖《こ》をつくった**堡礁**《ほしょう》。ミクロネシアのヤップ島《とう》のサンゴ礁《しょう》。

←堡礁《ほしょう》が発達《はったつ》して島《しま》が海底《かいてい》にしずみ、ドーナツ状《じょう》のサンゴ礁《しょう》だけがのこったミクロネシアのパキン環礁《かんしょう》。

サンゴ礁《しょう》のおいたち

まず、三枚《まい》の写真《しゃしん》を見《み》ると、サンゴ礁《しょう》にはいろいろな形《かたち》があり、裾礁《きょしょう》から堡礁《ほしょう》へ、堡礁《ほしょう》から環礁《かんしょう》へと、地《ち》形《けい》の変化《へんか》があることがわかります。

このわけかたは、ダーウィンが発《はっ》表《ぴょう》した「沈降説《ちんこうせつ》」によるものです。最近《さいきん》、太平洋《たいへいよう》のビキニ環礁《かんしょう》をボーリング調査《ちょうさ》して、地下《ちか》七百《ひゃく》七十メートルまでサンゴ礁《しょう》でできていることがわかりました。造礁《ぞうしょう》サンゴは深《ふか》くても七十五メートルくらいの海《うみ》にしかすまないので、いまでは、ダーウインの説《せつ》がみとめられています。

サンゴ礁《しょう》をつくる サンゴのいろいろ

➡直径《ちょっけい》二メートルもある群体《ぐんたい》をつくる**ダイオウサンゴ**。おもに、ミクロネシアの海《うみ》にすむ。（沖縄県《おきなわけん》・石垣島《いしがきじま》・水深《すいしん》五メートル）

⬅しずかな湾《わん》の砂地《すなじ》の海底《かいてい》にすむ**イタアナナサンゴモドキ**。群体《ぐんたい》は十メートルをこすものもある。（沖縄県《おきなわけん》・石垣島《いしがきじま》・水深《すいしん》五メートル）

石《いし》サンゴのいろいろ

石《いし》サンゴには、サンゴ礁《しょう》をつくる造礁《ぞうしょう》サンゴと、造礁《ぞうしょう》サンゴよりずっと深《ふか》いところにすむ非《ひ》造礁《ぞうしょう》サンゴがあります。さらに、それぞれに単体《たんたい》サンゴと、群体《ぐんたい》サンゴがあることはまえにお話《はなし》しました。

日本《にっぽん》は、世界《せかい》でもサンゴの種類《しゅるい》が多《おお》いことで有名《ゆうめい》です。これは、黒潮《くろしお》のおかげといえます。造礁《ぞうしょう》サンゴは三百種《びゃくしゅ》、非《ひ》造礁《ぞうしょう》サンゴは九十種《しゅ》も発《はっ》見《けん》されています。もっとも、このほとんどは、沖縄《おきなわ》のまわりの海《うみ》にすんでいます。

外洋《がいよう》に面《めん》したサンゴ礁《しょう》にすむ**トゲサンゴ**。直径《ちょっけい》は20センチ。(鹿児島県《かごしまけん》・与論島《よろんとう》・水深《すいしん》3メートル)

⬆ピンクやむらさき色《いろ》をした**ヘラジカハナヤサイサンゴ**。(インドネシア・バンダ島《とう》・水深《すいしん》3メートル)

寒《さむ》い海《うみ》にもすむ**ムツサンゴ**。栄養《えいよう》をはこぶ石灰質《せっかいしつ》の根《ね》をもつ。(北海道《ほっかいどう》・積丹岬《しゃこたんみさき》・水深《すいしん》4メートル)

⬇砂《すな》の中《なか》の有機物《ゆうきぶつ》をたべる**クサビライシ**。単体《たんたい》サンゴ。(ミクロネシア・ポナペ・水深《すいしん》3メートル)

↑波状《はじょう》のもようとノコギリ歯《ば》のような骨格《こっかく》をもつ**ダイノウサンゴ**。（三《み》重《え》県《けん》・熊野灘《くまのなだ》・水深《すいしん》5メートル）

↓表面《ひょうめん》に太《ふと》くて短《みじか》い突起《とっき》をもつ**オヤユビミドリイシ**。日本《にっぽん》に多《おお》い。（高《こう》知《ち》県《けん》・沖《おき》ノ島《しま》・水深《すいしん》8メートル）

↑平《ひら》たい群体《ぐんたい》をつくる**スリバチサンゴ**の一種《いっしゅ》。直径《ちょっけい》は40センチ。（沖縄《おきなわ》県《けん》・石垣島《いしがきじま》・水深《すいしん》13メートル）

↓人間《にんげん》の脳《のう》のような**トゲダイノウサンゴ**。直径《ちょっけい》1メートル。（インドネシア・バンダ島《とう》・水深《すいしん》5メートル）

→直径《ちょっけい》二メートルにもなる**クシハダエダミドリイシ**は、ふつうテーブルサンゴとよばれる。（高知県《こうちけん》・姫島《ひめしま》・水深《すいしん》七メートル）

←日中《にっちゅう》でも触手《しょくしゅ》をのばし、毒《どく》ばりでえものをとる**ロッポウハナガササンゴ**。（沖縄県《おきなわけん》・石垣島《いしがきじま》・水深《すいしん》四メートル）

↑太《ふと》いイソギンチャクににた触手《しょくしゅ》をもつ**ナガレヘラハナサンゴ**は、毒《どく》のあるはりでえものをとる。(鹿児《かご》島《しま》県《けん》・奄《あま》美《み》大《おお》島《しま》・水《すい》深《しん》十メートル)

←**ノウサンゴ**は、かたまりをつくり、あさい岩礁《がんしょう》にくっついて生活《せいかつ》をする。(三《み》重《え》県《けん》・紀《き》伊《い》長《なが》島《しま》・水《すい》深《しん》四メートル)

↑枝状《えだじょう》にのびた**ハイミドリイシ**の群《ぐん》体《たい》。(沖縄県《おきなわけん》・石垣島《いしがきじま》・水深《すいしん》四メートル)

←直径《ちょっけい》一～二センチのサンゴ虫《ちゅう》が、たばねたようによりあつまっている**ハナガタサンゴ**。(ミクロネシア・パラオ島《とう》・水深《すいしん》五メートル)

➡新発見《しんはっけん》された**イガグリウミテングタケ**。かさの表面《ひょうめん》にポリプをもつ。(沖縄県《おきなわけん》・小浜島《こはまじま》・水深《すいしん》二十五メートル)

⬅熱帯《ねったい》のサンゴ礁《しょう》の海《うみ》に見《み》られる**オオウミキノコ**。左下《ひだりした》は、八本《ぽん》の触手《しょくしゅ》をもつポリプのかく大《だい》。(沖縄県《おきなわけん》・小浜島《こはまじま》・水深《すいしん》二十五メートル)

軟体《なんたい》サンゴのいろいろ

軟体《なんたい》サンゴは、石《いし》サンゴのようにかたい骨格《こっかく》はもっていません。からだの表面《ひょうめん》ちかくに石灰質《せっかいしつ》の小《ちい》さな骨《ほね》のようなとげをもっていて、これによってからだをささえています。

軟体《なんたい》サンゴは、触手《しょくしゅ》やからだをしきる骨《ほね》の数《かず》が八の倍数《ばいすう》なので八放《はっぽう》サンゴ類《るい》といいます。水深《すいしん》十メートルより深《ふか》い海《うみ》のがけにすむ、赤《あか》や黄色《きいろ》の美《うつく》しいトゲトサカ類《るい》もそのなかまです。これらはみな群体《ぐんたい》をつくっています。

➡カイコの幼虫《ようちゅう》のような形《かたち》をした**カワギンチヤク**。日本《にっぽん》ではじめて発見《はっけん》された。(高知県《こうちけん》・水島《みずしま》・水深《すいしん》三メートル)

⬆大《おお》きな八本《ぽん》の触手《しょくしゅ》をのばす、花《はな》のような**ハイイロイタアザミ**。(沖縄県《おきなわけん》・石垣島《いしがきじま》・水深《すいしん》二メートル)

⬅八放《はっぽう》サンゴの一種《いっしゅ》の**カタトサカ**。ポリプがあまりつきだしていないのがとくちょう。(沖縄県《おきなわけん》・小浜島《こはまじま》・水深《すいしん》三十メートル)

➡表面《ひょうめん》に白《しろ》い石灰質《せっかいしつ》のとげをもつ**オオトゲトサカ**。（沖縄県《おきなわけん》・石垣島《いしがきじま》・水深《すいしん》八メートル）

↑**ベニウミトサカ**。ポリプがひらいたところ。ポリプの大《おお》きさは2ミリ。(佐賀県《さがけん》・呼子《よぶこ》・水深《すいしん》8メートル)

↓**オオイソバナ**。白《しろ》い花《はな》のようなものがサンゴ虫《ちゅう》。(愛媛県《えひめけん》・宇和海《うわかい》・水《すい》深《しん》7メートル)

↑**ハケカタトサカ**。群体《ぐんたい》の直径《ちょっけい》は1.5メートルある。(沖縄県《おきなわけん》・石垣島《いしがきじま》・水《すい》深《しん》4メートル)

↓触手《しょくしゅ》をとじた**ツツウミヅタ**。ポリプの大《おお》きさは3センチ。(沖縄県《おきなわけん》・石垣島《いしがきじま》・水深《すいしん》2～3メートル)

サンゴ礁《しょう》にすむ生《い》き物《もの》

美《うつく》しいサンゴ礁《しょう》は、海《うみ》にすむ小《ちい》さな生《い》き物《もの》たちにとって、ぜっこうのかくれ場《ば》所《しょ》です。どのような生《い》き物《もの》がいるのかみてみましょう。

⬆サンゴ礁《しょう》の海《うみ》は美《うつく》しい。しかし，海《かい》底《てい》のさつえいはきけんな仕《し》事《ごと》。

⬅お花《はな》畑《ばたけ》のようなサンゴ礁《しょう》の海《うみ》。

⬆いつも夫婦《ふうふ》でおよぐ**ミスジチョウチョウウオ**。(沖縄県《おきなわけん》・小浜島《こはまじま》・水深《すいしん》10メートル)

海《うみ》のお花畑《はなばたけ》をまう魚《さかな》たち

サンゴ礁《しょう》にすむ魚《さかな》は、サンゴ礁魚《しょうぎょ》類《るい》とよばれ、からだの色《いろ》があざやかで、うすく平《ひら》べったい形《かたち》をしていいます。これは、敵《てき》がきたとき、サンゴのえだや岩《いわ》のすきまにかくれるのにつごうよくできているのです。

クマノミのように、イソギンチャクと共生《きょうせい》して、敵《てき》からのこうげきをふせいでいる魚《さかな》もいます。

また、ブダイのように一年《ねん》に数《すう》トンものサンゴをたべる魚《さかな》もいれば、ルリスズメダイのように、サンゴをすみかにしている魚《さかな》もいます。

⬆おくびょうな**キンチャクダイ**は敵《てき》があらわれると，サンゴにかくれる。(高知県《こうちけん》・柏島《かしわじま》・水深《すいしん》８メートル)

⬆アロハシャツをきたような**ミギマキ**（左《ひだり》より)。(高知県《こうちけん》・西泊《にしどまり》・水深《すいしん》５メートル)

⬇サンゴ礁《しょう》に，もっともふつうにみられる**ソラスズメダイ**。(高知県《こうちけん》・西《にし》泊《どまり》・水深《すいしん》５メートル)

⬇オオサンゴイソギンチャクと共生《きょうせい》する**カクレクマノミ**。(沖縄県《おきなわけん》・石《いし》垣島《がきじま》・水深《すいしん》13メートル)

大《おお》きな外《がい》とうまくをひろげたシャコガイの一種《いっしゅ》**シラナミ**と貝《かい》がら。サンゴ礁《しょう》にあなはあけない。(沖縄県《おきなわけん》・小浜島《こはまじま》・水深《すいしん》18メートル)

貝《かい》のなかま

サンゴ礁《しょう》の貝《かい》は、植物《しょくぶつ》プランクトンや小《ちい》さな動物《どうぶつ》をたべて生活《せいかつ》しています。ブダイのように、サンゴをたべることはありません。しかし、※ヒメジャコのようにサンゴにあなをあけてすむものはいます。ウグイスガイのように、サンゴのえだにくっついているものもいます。

サンゴ礁《しょう》の貝《かい》は、昼間《ひるま》はサンゴのすきまや砂《すな》の中《なか》にかくれています。夜明《よあ》けと日《ひ》の入《い》りのころにえさをもとめてはいだしてきます。このころさがすと、生《い》きた貝《かい》が採集《さいしゅう》できます。

※サンゴにあなをあける貝《かい》は**ヒメジャコ**だけで、**シラナミ**、**ヒレジャコ**はあなをあけない。

↑体長《たいちょう》40センチにもなる**ヒレジャコ**。褐虫藻《かっちゅうそう》と共生《きょうせい》する。（ミクロネシア・ヌクオロ環礁《かんしょう》・水深《すいしん》5メートル）

↓熱帯《ねったい》の砂地《すなじ》にすむ**クモガイ**。大《おお》きな目玉《めだま》をもつ。（ミクロネシア・ヤップ島《とう》・水深《すいしん》3メートル）

↑**ミズイリショウジョウガイ**。貝《かい》がらに体液《たいえき》がある。（ミクロネシア・ヌクオロ環礁《かんしょう》・水深《すいしん》10メートル）

↓ヤギにくっつく**ウグイスガイ**。潮《ちょう》流《りゅう》の強《つよ》くあたる岩礁《がんしょう》にすむ。（高知《こうち》県《けん》・龍串《たつくし》・水深《すいしん》5メートル）

えだのすべてに小《ちい》さなポリプをもつ**アカヤギ**。全長《ぜんちょう》50センチ。（高知県《こうちけん》・鵜来島《うぐるじま》・水深《すいしん》15メートル）

ポリプをのばした**ヤギ**の一種《いっしゅ》。（和歌《わか》山県《やまけん》・白浜《しらはま》・水深《すいしん》15メートル）

ヤギとウミトサカのなかま

ヤギやウミトサカも、軟体《なんたい》サンゴのなかまで、サンゴ礁《しょう》の石《いし》サンゴや岩《いわ》について生《せい》活《かつ》しています。ヤギは石灰質《せっかいしつ》や角質《かくしつ》（羽毛《うもう》などをつくっている物質《ぶっしつ》）でからだをささえています。ウミトサカは小《ちい》さな石灰質《せっかいしつ》のとげでやわらかいからだをささえています。

↑相模《さがみ》湾《わん》より南《みなみ》のあさい岩礁《がんしょう》に群生《ぐんせい》する**アカトゲトサカ**。(高知県《こうちけん》・龍《たつ》串《くし》・水深《すいしん》2メートル)

↑高《たか》さ1.5メートルもある**ホソエダトゲトサカ**。(高知県《こうちけん》・鵜来島《うぐるじま》・水深《すいしん》18メートル)

↓美《うつく》しい色《いろ》をした**ヤギ**の一種《いっしゅ》。(高知《こうち》県《けん》・鵜来島《うぐるじま》・水深《すいしん》13メートル)

↓ワタのようなめずらしい**カンムリトゲトサカ**。豊後水道《ぶんごすいどう》の特産《とくさん》。(高《こう》知《ち》県《けん》・柏島《かしわじま》・水深《すいしん》7メートル)

いぼ状《じょう》の突起《とっき》におおわれた触手《しょくしゅ》にもう毒《どく》をもつ**ハナブサイソギンチャク**。
(沖縄県《おきなわけん》・石垣島《いしがきじま》・水深《すいしん》1メートル)

海水《かいすい》をすいこんで，タマネギのようにふくらんだ**サンゴイソギンチャク**。
(長崎県《ながさきけん》・下五島《しもごとう》・水深《すいしん》7メートル)

イソギンチャクのなかま

イソギンチャクも、サンゴとおなじなかまの腔腸動物《こうちょうどうぶつ》です。口《くち》のまわりには、たくさんの触手《しょくしゅ》をもち、からだのしくみはサンゴ虫《ちゅう》とにています。そして、刺胞《しほう》から毒《どく》ばりを発射《はっしゃ》して、えさをとらえます。

↑砂地《すなじ》や岩礁《がんしょう》のわれめにすむ**イソギンチャクの一種《いっしゅ》**。触手《しょくしゅ》の先《さき》に小《ちい》さなあなをもち，海水《かいすい》をすいこみ風船《ふうせん》のようにふくらませて敵《てき》をあざむく。クマノミと共生《きょうせい》。(鹿児島県《かごしまけん》・奄美大島《あまみおおしま》・水深《すいしん》5メートル)

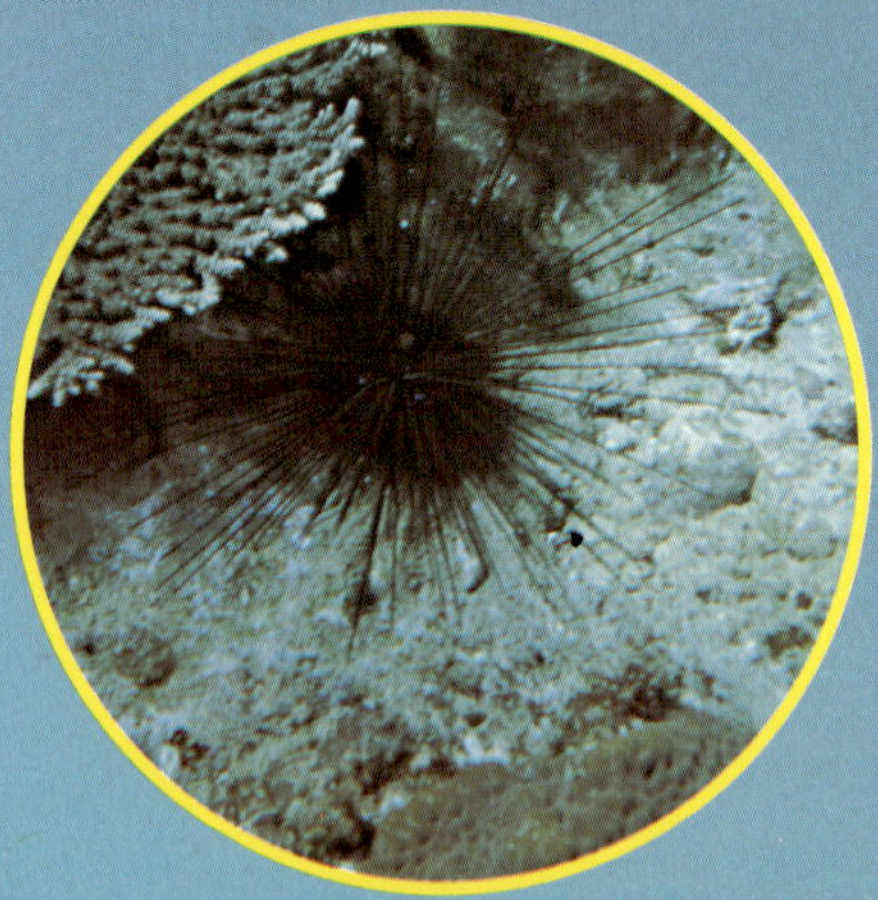

↑とげにもう毒《どく》をもつ**イイジマフクロウニ**。(三重県《みえけん》・二《に》木島湾《きしまわん》・水深《すいしん》15メートル)

↑サンゴのすきまでゴミをたべる**ガンガゼ**。(高知県《こうちけん》・柏島《かしわじま》・水深《すいしん》1メートル)

←かたいよろいをきた**アオヒトデ**。(ミクロネシア・サイパン島《とう》・水《すい》深《しん》2メートル)

↓からだのかたちをかえる**マンジュウヒトデ**。(沖縄《おきなわ》県《けん》・名城《なしろ》・水深《すいしん》50センチ)

↓こぶをもつ**コブヒトデ**。(インドネシア・カンゲアン諸島《しょとう》・水深《すいしん》8メートル)

⬆**オオウミシダ**(黒色《こくしょく》)と**ハナウミシダ**(黄色《きいろ》)。(鹿児島県《かごしまけん》・奄《あま》美大島《みおおしま》・水深《すいしん》6メートル)

⬇トカラ列島《れっとう》より南《みなみ》のサンゴ礁《しょう》にすむ**パイプウニ**。(鹿児島県《かごしまけん》・奄美大島《あまみおおしま》・水深《すいしん》5メートル)

ウニとヒトデ

ウニやヒトデは棘皮動物《きょくひどうぶつ》といい、からだは放射状《ほうしゃじょう》や五角形《ごかっけい》をしています。このなかまは、水管系《すいかんけい》という組《そ》織《しき》をもち、海水《かいすい》や体液《たいえき》がこの管《くだ》の中《なか》をながれて、運動《うんどう》や呼吸《こきゅう》、排出《はいしゅつ》のやくめをします。サンゴ礁《しょう》にすむヒトデにはサンゴをたべるものもいます。

➡どうもうな魚《さかな》、ウツボと共生《きょうせい》する**オトヒメエビ**。（和歌山県《わかやまけん》・串本《くしもと》・水深《すいしん》五メートル）

エビとカニのなかま

サンゴ礁《しょう》にすむエビやカニは、色《いろ》があざやかで、きみょうなもようをもっています。

たいてい、サンゴのえだのすきまや、ヤギ、イソギンチャクなどのかげにすんでいます。なかには、サンゴガニのように、サンゴ虫《ちゅう》の中《なか》に寄《き》生《せい》しているものもいます。

ヤドカリのなかまのヤシガニは、サンゴ礁《しょう》の海辺《うみべ》にかぎってすんでいるめずらしいカニです。ふだんは陸《りく》上《じょう》にすんでいて、産卵《さんらん》のときだけ海《うみ》の中《なか》にはいります。

⬆相模湾《さがみわん》より南《みなみ》にすむ大型《おおがた》の**ノコギリガザミ**。体長《たいちょう》は30センチ。(沖縄《おきなわ》県《けん》・石垣島《いしがきじま》)

⬇陸上《りくじょう》でもえらで空気呼吸《くうきこきゅう》をする**ヤシガニ**。与論島《よろんとう》から南《みなみ》に分布《ぶんぷ》する。体長《たいちょう》30センチ。(沖縄県《おきなわけん》・石垣島《いしがきじま》)

⬇内海《うちうみ》の砂地《すなじ》にあなをほって生活《せいかつ》する**ツノメガニ**。体長《たいちょう》は5センチ。(沖縄県《おきなわけん》・石垣島《いしがきじま》)

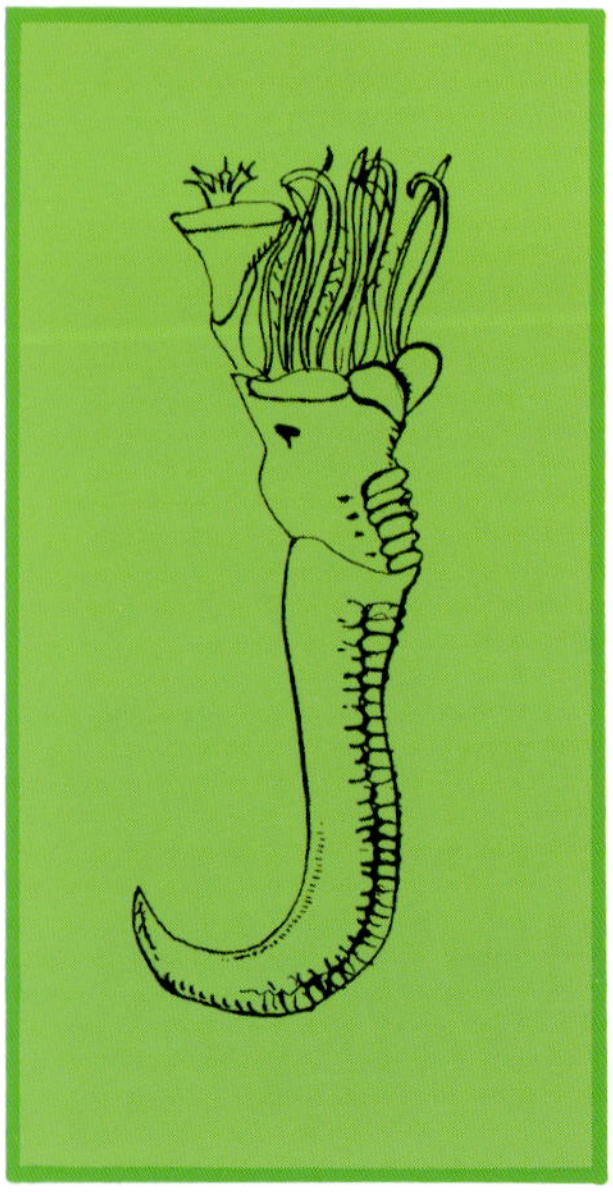

⬆**イバラカンザシ**は光《ひかり》を感《かん》じる色《いろ》とりどりのエラをひろげている。左《ひだり》の図《ず》は，管《くだ》の中《なか》にはいっている**イバラカンザシ**のからだ。(高知県《こうちけん》・柏島《かしわじま》・水深《すいしん》4メートル)

ケヤリムシのなかま

ゴカイやヒル、ミミズなどとおなじ環形動物《かんけいどうぶつ》のなかまに、ケヤリムシがいます。ケヤリムシは、やわらかい管《くだ》の中《なか》にはいって生活《せいかつ》しています。敵《てき》がくるとすばやくこの管《くだ》の中《なか》にからだをひっこめます。

イバラカンザシは、サンゴの中《なか》に石灰質《せっかいしつ》のかたい管《くだ》をつくり、色《いろ》とりどりのえらをひろげてすんでいます。

←ケヤリムシは、えらをうごかして水流《すいりゅう》をおこし、動物性《どうぶつせい》プランクトンをたべる。（高知県《こうちけん》・柏島《かしわじま》・水深《すいしん》六メートル）

↑沖縄《おきなわ》の海中公園展望塔《かいちゅうこうえんてんぼうとう》と美《うつく》しいサンゴの海《うみ》。
←黄色《きいろ》いのは，**ノウサンゴの一種《いっしゅ》**。

サンゴ礁《しょう》の海《うみ》をみよう

日本《にっぽん》にも、サンゴ礁《しょう》の海《うみ》はあります。海《うみ》の中《なか》だってみられます。沖縄《おきなわ》の海中公園《かいちゅうこうえん》にある海中展望塔《かいちゅうてんぼうとう》からは、生《い》きているサンゴや魚《さかな》たちをかんさつすることができるのです。

さあ、みなさんも美《うつく》しいサンゴ礁《しょう》の海《うみ》をみにいきませんか。

＊サンゴの歴史《れきし》

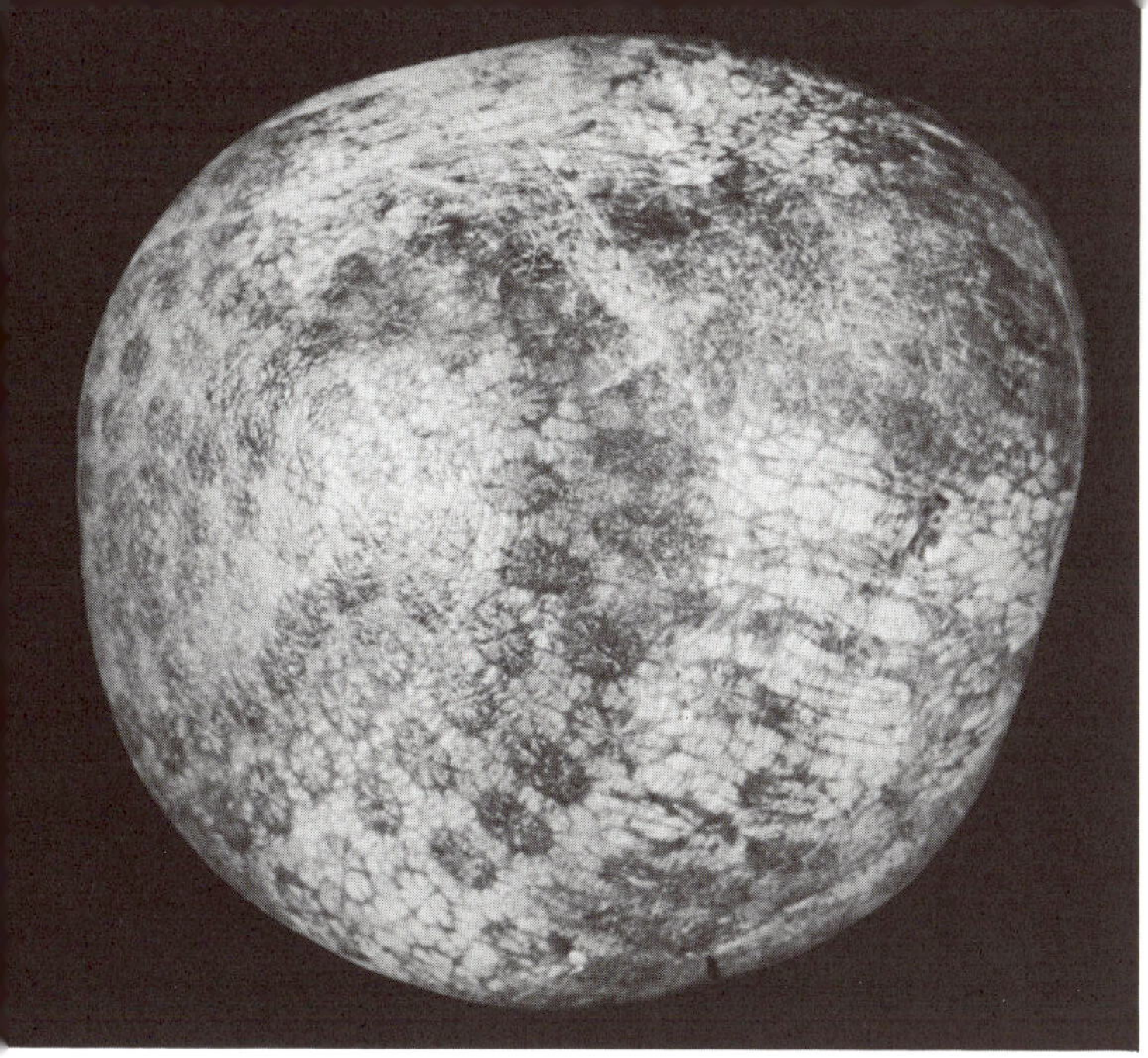

中生代《ちゅうせいだい》にさかえた六放《ろっぽう》サンゴの化石《かせき》。この化石《かせき》から，そのサンゴのあった地層《ちそう》や岩石《がんせき》の年代《ねんだい》がわかる。

サンゴのなかまイソギンチャクは，海底《かいてい》で生活《せいかつ》する。

クラゲもサンゴとおなじ腔腸動物《こうちょうどうぶつ》のなかま。波《なみ》まをただよって生活《せいかつ》する。

動物《どうぶつ》には、人間《にんげん》やイヌや魚《さかな》のようにせきついをもつ動物《どうぶつ》のほかに、せきついをもたない動物《どうぶつ》があります。この無《む》せきつい動物《どうぶつ》のなかでも、もっとも進化《しんか》のうえで下等《かとう》なのが原生《げんせい》動物《どうぶつ》、そのつぎが海綿《かいめん》動物《どうぶつ》、そして三番《ばん》めが腔腸《こうちょう》動物《どうぶつ》というサンゴやイソギンチャク、クラゲ、ヒドラのなかまです。

この動物《どうぶつ》は、円《えん》とう形《けい》、または、つりがね形《がた》をしているのがとくちょうです。そして、えさをたべる口《くち》と、たべもののかすをだすところがおなじです。口《くち》のまわりには、ふつう触手《しょくしゅ》というものがはえています。

このなかまのほとんどは、海《うみ》にすんでいます。さらに、その先祖《せんぞ》はかなり古《ふる》くまでさかのぼることができるのです。

サンゴ礁《しょう》をつくる石《いし》サンゴの先祖《せんぞ》は、いま

⬆ごつごつとした隆起《りゅうき》サンゴ礁《しょう》は，まるではり地《じ》ごくのよう。とても，す足《あし》で歩《ある》けない。その上《うえ》には，リュウゼツランなど多《た》肉植物《にくしょくぶつ》がはえている。(鹿児島県《かごしまけん》・与論島《よろんとう》)

からおよそ四億《おく》六千万年《せんまんねん》もまえの、古生代《こせいだい》のオルドビス紀《き》とよばれる時代《じだい》にうまれました。しかしこのなかまは、四放《しほう》サンゴ類《るい》とよばれ、二億《おく》五千年《せんねん》まえの古生代《こせいだい》のおわりごろには、ほろんでしまいました。

現在《げんざい》までつづいている六放《ろっぽう》サンゴ類《るい》というなかまは、いまから二億《おく》一千万年《せんまんねん》の中生代《ちゅうせいだい》の三畳紀《さんじょうき》とよばれる時代《じだい》にあらわれました。そして、そのあとのきょうりゅうがさかえたジュラ紀《き》という時代《じだい》に、もっとも数《かず》や種類《しゅるい》がふえました。

日本《にっぽん》でみつかっているいちばん古《ふる》い化石《かせき》は、なんとサンゴのなかまです。いまから四億年《おくねん》もまえの、古生代《こせいだい》のクサリサンゴのものです。

また、沖縄《おきなわ》には隆起《りゅうき》サンゴの島《しま》があります。いまよりずっとあたたかい時代《じだい》に、沖縄《おきなわ》は海《うみ》にしずんでいたことがありました。そのあいだに発達《はったつ》したサンゴ礁《しょう》の厚《あつ》さは、五十メート

●サンゴの化石《かせき》をしらべると……

その化石《かせき》のあった地層《ちそう》や岩石《がんせき》の年《ねん》代《だい》がわかります。サンゴは、すんでいた時代《じだい》によって特有《とくゆう》のものがありました。これを標準化石《ひょうじゅんかせき》といいます。

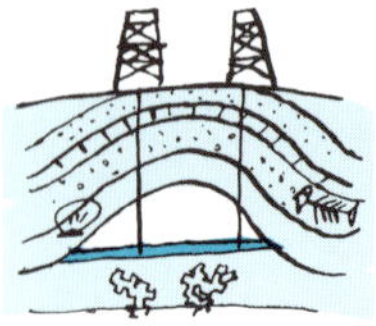

●サンゴは石油《せきゆ》の起源《きげん》

というのは、サンゴでできた石灰《せっかい》岩《がん》の土地《とち》から石油《せきゆ》がでるからです。サンゴにふくまれる油類《あぶらるい》が、地層《ちそう》のあいだにたまってできると考《かんが》えられています。

ルにもなりました。その後《ご》、島《しま》はふたたび上昇《じょうしょう》しはじめ、海面《かいめん》からやく二十メートルくらいまでもちあがりました。この隆起《りゅうき》サンゴは、琉球石灰岩《りゅうきゅうせっかいがん》とよばれ、石灰岩《せっかいがん》の採石《さいせき》がさかんにおこなわれています。

●世界《せかい》のサンゴ礁《しょう》　※緑色《みどりいろ》のまる印《じるし》がサンゴ礁《しょう》。

石《いし》サンゴのなかまは，北方《ほっぽう》から南極《なんきょく》まで，世界中《せかいじゅう》の海《うみ》にすんでいます。しかし，サンゴ礁《しょう》をつくる造礁《ぞうしょう》サンゴとなると，地図《ちず》にあるとおり水温《すいおん》がせっし25～29度《ど》のところと，場所《ばしょ》がかぎられます。

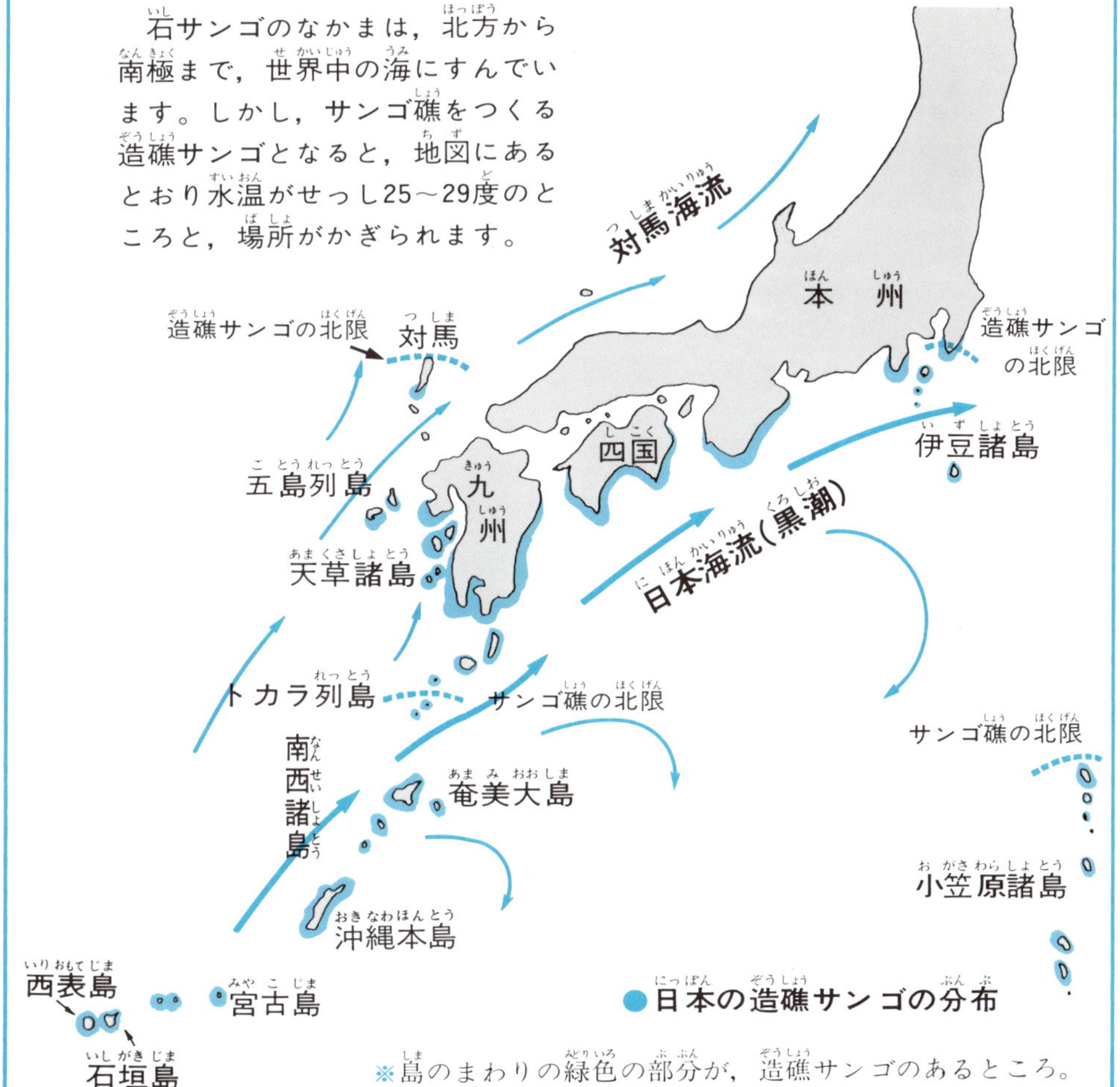

●日本《にっぽん》の造礁《ぞうしょう》サンゴの分布《ぶんぷ》
※島《しま》のまわりの緑色《みどりいろ》の部分《ぶぶん》が，造礁《ぞうしょう》サンゴのあるところ。

⬆オオスリバチサンゴの骨格《こっかく》。石灰質《せっかいしつ》の基盤《きばん》で，サンゴ虫《ちゅう》がつながっている。

⬅岩礁《がんしょう》につくハシライボヤギの骨格《こっかく》。

サンゴ虫《ちゅう》（ポリプ）は、イソギンチャクににたからだをもっています。

一ぴきのサンゴ虫《ちゅう》は、石灰質《せっかいしつ》でできたからの中《なか》に、そのやわらかいからだをひそめています。そして、それぞれのサンゴ虫《ちゅう》の口《くち》のまわりには、触手《しょくしゅ》があります。

触手《しょくしゅ》は種類《しゅるい》によって数《かず》がきまっています。石《いし》サンゴは六本《ぽん》が基準《きじゅん》になり、さらに二倍《ばい》、三倍《ばい》というふうにふえていきます。そのためにこれらを、六放《ろっぽう》サンゴとよびます。

触手《しょくしゅ》の下《した》は円《えん》とう形《けい》のからだで、口《くち》につづいて広《ひろ》い腔腸《こうちょう》をもっています。腸《ちょう》の内《うち》がわは肉質《にくしつ》の隔膜《かくまく》とよばれるしきりが、放射状《ほうしゃじょう》にのびています。

この膜《まく》は、えさを消化《しょうか》したり、養分《ようぶん》を吸収《きゅうしゅう》したり、子孫《しそん》をふやしたりするやくめまです

⬆ジュウジキサンゴのサンゴ虫《ちゅう》。

●刺胞《しほう》のいろいろ

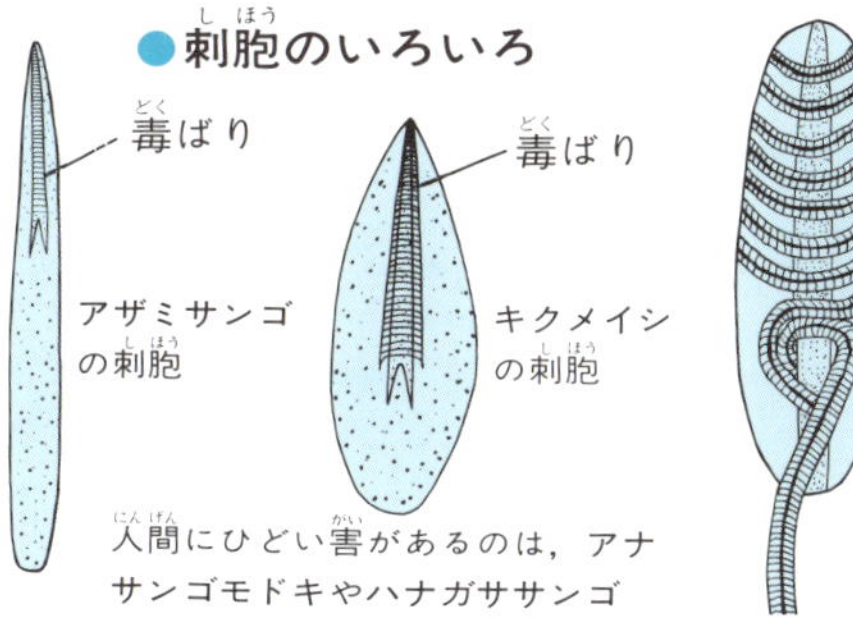
サンゴの刺《し》胞《ほう》から毒《どく》ばりがのびてるところ

●えさのとらえかた　触手《しょくしゅ》の先《さき》に毒《どく》のある刺胞《しほう》がおさまっている。

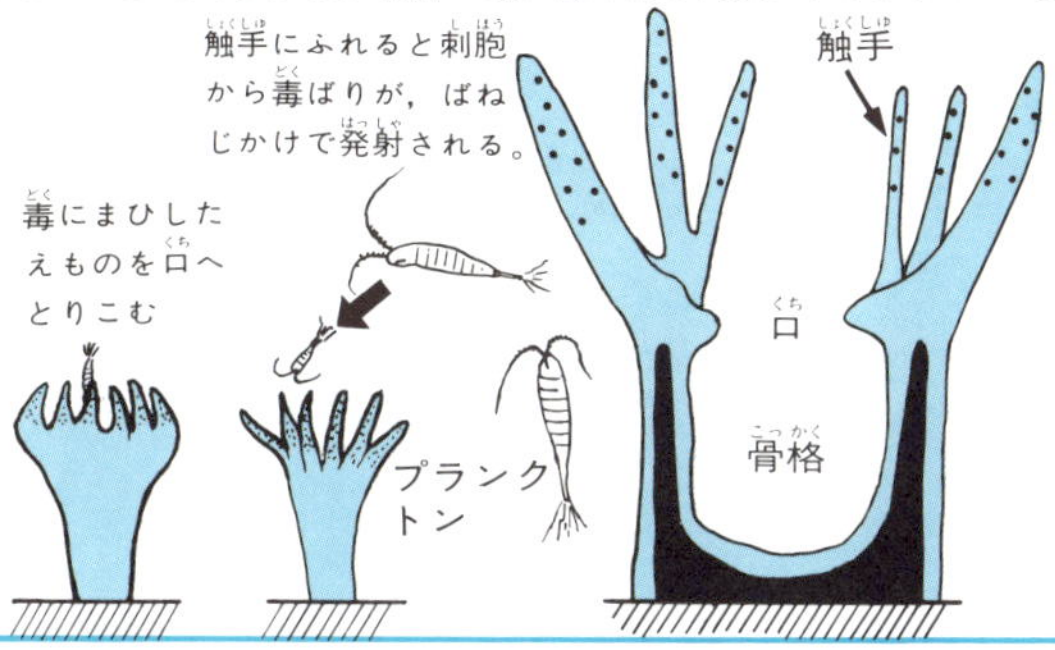

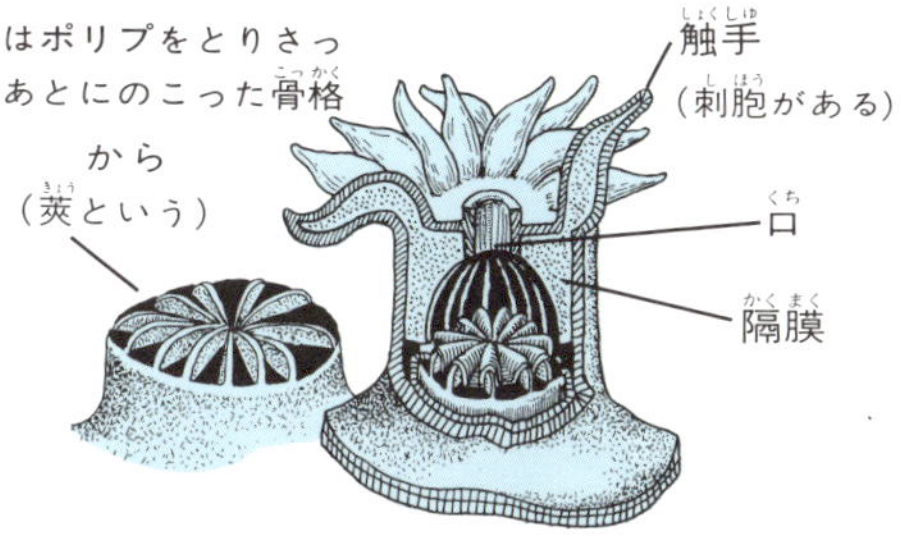

●石《いし》サンゴのからだのしくみ

るのです。

サンゴ虫《ちゅう》の大《おお》きさは、直径《ちょっけい》やく〇・五ミリから一センチくらいまであります。

サンゴ虫《ちゅう》の触手《しょくしゅ》には、毒《どく》ばりがかくされています。触手《しょくしゅ》にある刺胞《しほう》から、毒《どく》ばりを発射《はっしゃ》して、小《ちい》さな動物《どうぶつ》プランクトンをまひさせ、とらえてたべるのです。

おおくの石《いし》サンゴは、昼間《ひるま》は触手《しょくしゅ》をからの中《なか》にひっこめ、からだもちぢめています。そして、夜《よる》になるとからだをだしてえさをとるので、そのすがたは昼《ひる》と夜《よる》とではまるでちがってみえます。

●かざりものにつかう美《うつく》しいサンゴは……

アカサンゴやモモイロサンゴといって、八放《はっぽう》サンゴのなかまです。海底数十《かいていすうじゅう》〜数百《すうひゃく》メートルでとれる深海《しんかい》サンゴです。サンゴ礁《しょう》をつくる造礁《ぞうしょう》サンゴとはちがいます。

＊サンゴのふえかたと成長《せいちょう》

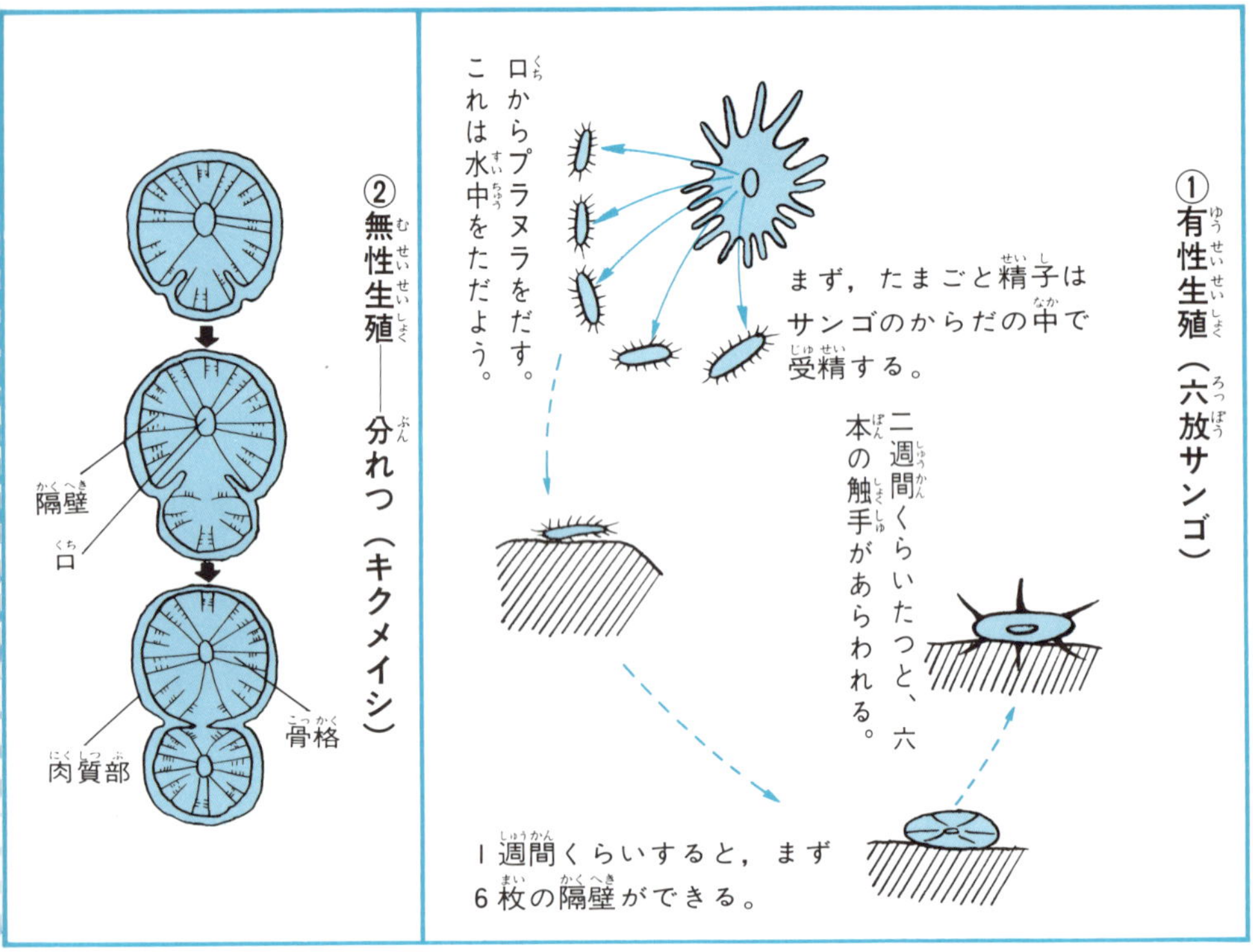

サンゴはどのようにして、子孫《しそん》をふやすのでしょうか。それには、三つのふやしかたがあり、種類《しゅるい》によってちがいます。

①めすのたまごとおすの精子《せいし》が体内《たいない》で受精《じゅせい》して、プラヌラという幼生《ようせい》を海中《かいちゅう》にだしてふやすサンゴがあります。

このプラヌラ幼生《ようせい》は、海中《かいちゅう》をクラゲのようにただよったのち、てきとうな岩《いわ》にくっついて、すぐに石灰質《せっかいしつ》の底板《ていばん》と六枚《まい》の隔壁《かくへき》というものをつくります。やがて、その先《さき》のところに触手《しょくしゅ》ができ、一ぴきのサンゴ虫《ちゅう》となります。

②一ぴきのサンゴ虫《ちゅう》がわかれて、いくつもいくつもふえていくものもあります。

③サンゴ虫《ちゅう》から芽《め》がでるようにして、小《ちい》さな個体《こたい》がふえるものもあります。

上《うえ》の図《ず》は、このふえかたをわかりやすくか

③無性《むせい》生殖《せいしょく》──芽生《めば》え（ミドリイシ）

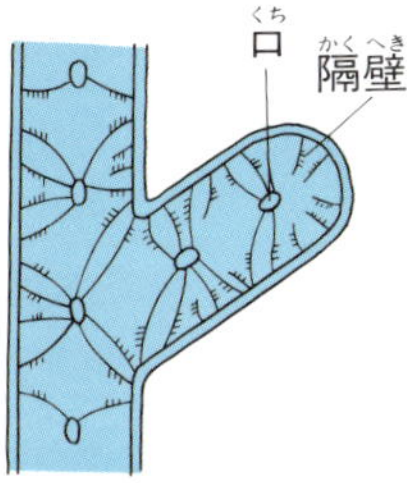

横枝《よこえだ》の場合《ばあい》

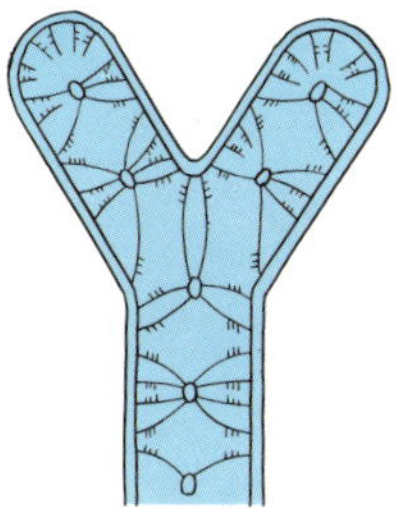
先枝《さきえだ》の場合《ばあい》

ミドリイシ
➡1.2～22センチ

トゲサンゴ
➡0.2センチ

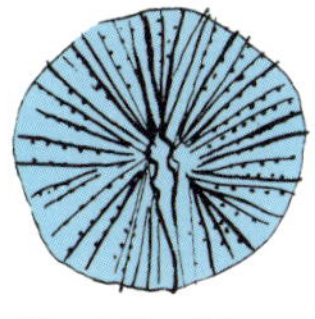
クサビライシ
➡0.4～4.4センチ

ハナヤサイサンゴ
➡1.5センチ

ハマサンゴ
➡1.2～1.9センチ

●1年間《ねんかん》に石《いし》サンゴののびるはやさ

これらのサンゴは，ほぼおなじ深《ふか》さにすむものです。

いたものです。

サンゴには、ひとつの個体《こたい》におす・とめす・の器官《きかん》がいっしょにあり、有性生殖《ゆうせいせいしょく》という子孫《しそん》のふやしかたをするとどうじに、②や③のような無性生殖《むせいせいしょく》というふえかたもするのです。

さて、このあと石《いし》サンゴはどのように成長《せいちょう》するのでしょうか。

石《いし》サンゴのサンゴ虫《ちゅう》は、海水中《かいすいちゅう》にとけているカルシウムと、呼吸《こきゅう》するときにできる二酸《にさん》化炭素《かたんそ》によって、石灰質《せっかいしつ》のもとになる炭酸《たんさん》カルシウムを分泌《ぶんぴ》します。これをもとに、隔膜《かくまく》のあいだに石灰質《せっかいしつ》の骨格《こっかく》をつくるのです。

もっとも、分泌《ぶんぴ》はサンゴ虫《ちゅう》のからだに共生《きょうせい》している褐虫藻《かっちゅうそう》（ゾーキサンテラ）という原《げん》生動物《せいどうぶつ》によってうながされます。褐虫藻《かっちゅうそう》はサンゴ虫《ちゅう》から二酸化炭素《にさんかたんそ》をもらい、これと日光《にっこう》と葉緑素《ようりょくそ》とで酸素《さんそ》とでんぷんをつくり、おかえしします。

深海《しんかい》にすむ非造礁《ひぞうしょう》サンゴには、この褐虫藻《かっちゅうそう》が共生《きょうせい》しないので、炭酸《たんさん》カルシウムの分泌《ぶんぴ》はわずかです。サンゴ礁《しょう》のサンゴより成長《せいちょう》がおそいというわけです。

● サンゴ礁《しょう》の世界《せかい》をつくる生《い》き物《もの》たち

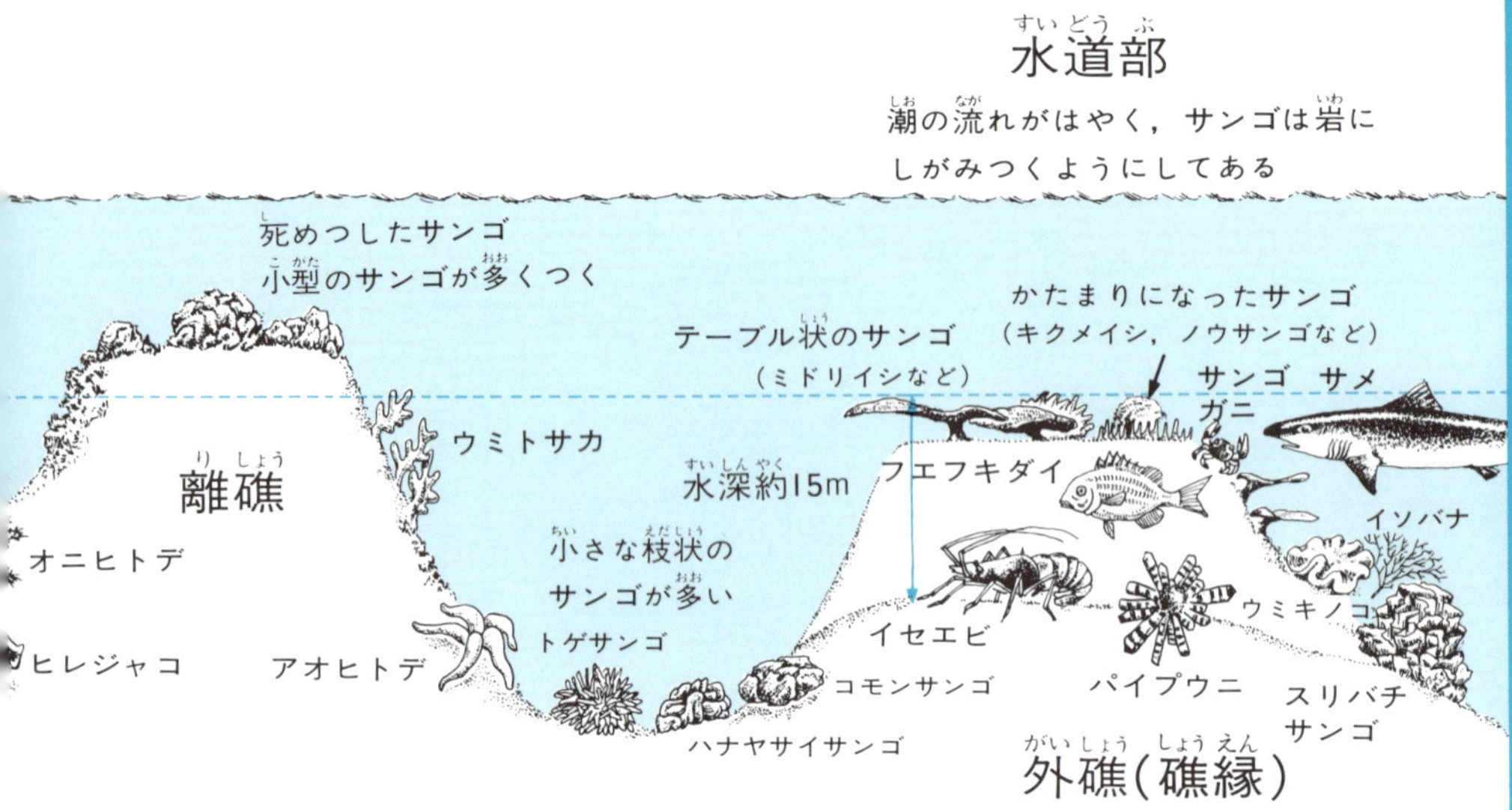

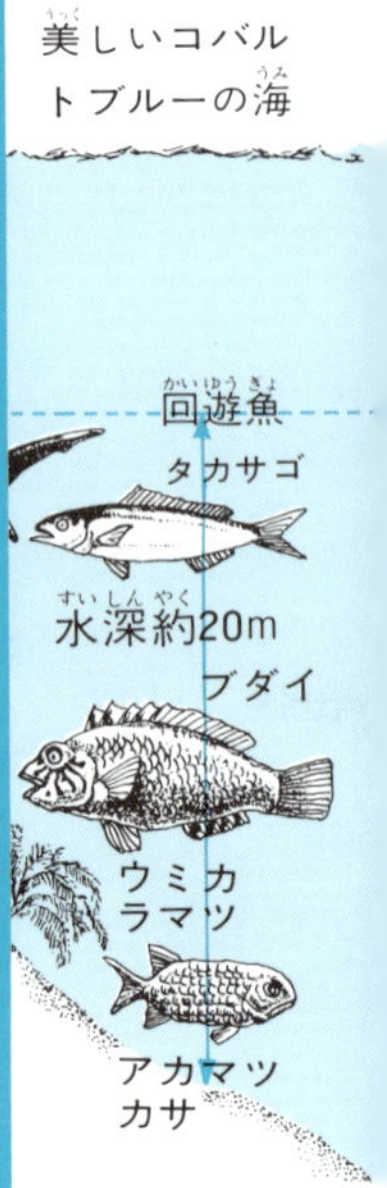

*サンゴ礁《しょう》の色《いろ》

サンゴ礁《しょう》の島《しま》は、エメラルドグリーンの礁《しょう》湖《こ》（ラグーン）と、コバルトブルーの外海《そとうみ》にかこまれています。そして、海辺《うみべ》のサンゴ礁《しょう》は、緑色《みどりいろ》、黄色《きいろ》、もも色《いろ》、だいだい色《いろ》、むらさき色《いろ》をした石《いし》サンゴのなかまでいっぱいです。海《うみ》のお花畑《はなばたけ》といえます。

しかし、海《うみ》にもぐってよく観察《かんさつ》すると、あざやかな色《いろ》をしているものはほんのすこしで、ほとんどの群体《ぐんたい》が茶《ちゃ》かっ色《しょく》であることに、おどろかされるでしょう。

これは、サンゴ虫《ちゅう》のからだに、数《かぞ》えきれないほど共生《きょうせい》している褐虫藻《かっちゅうそう》の色《いろ》がすけてみえるからなのです。だから、深《ふか》い海《うみ》では、この褐虫藻《かっちゅうそう》がすくなくなるので、サンゴの茶《ちゃ》かっ色《しょく》はうすくなります。

美《うつく》しい色《いろ》をもったサンゴは、外《そと》がわの細胞《さいぼう》

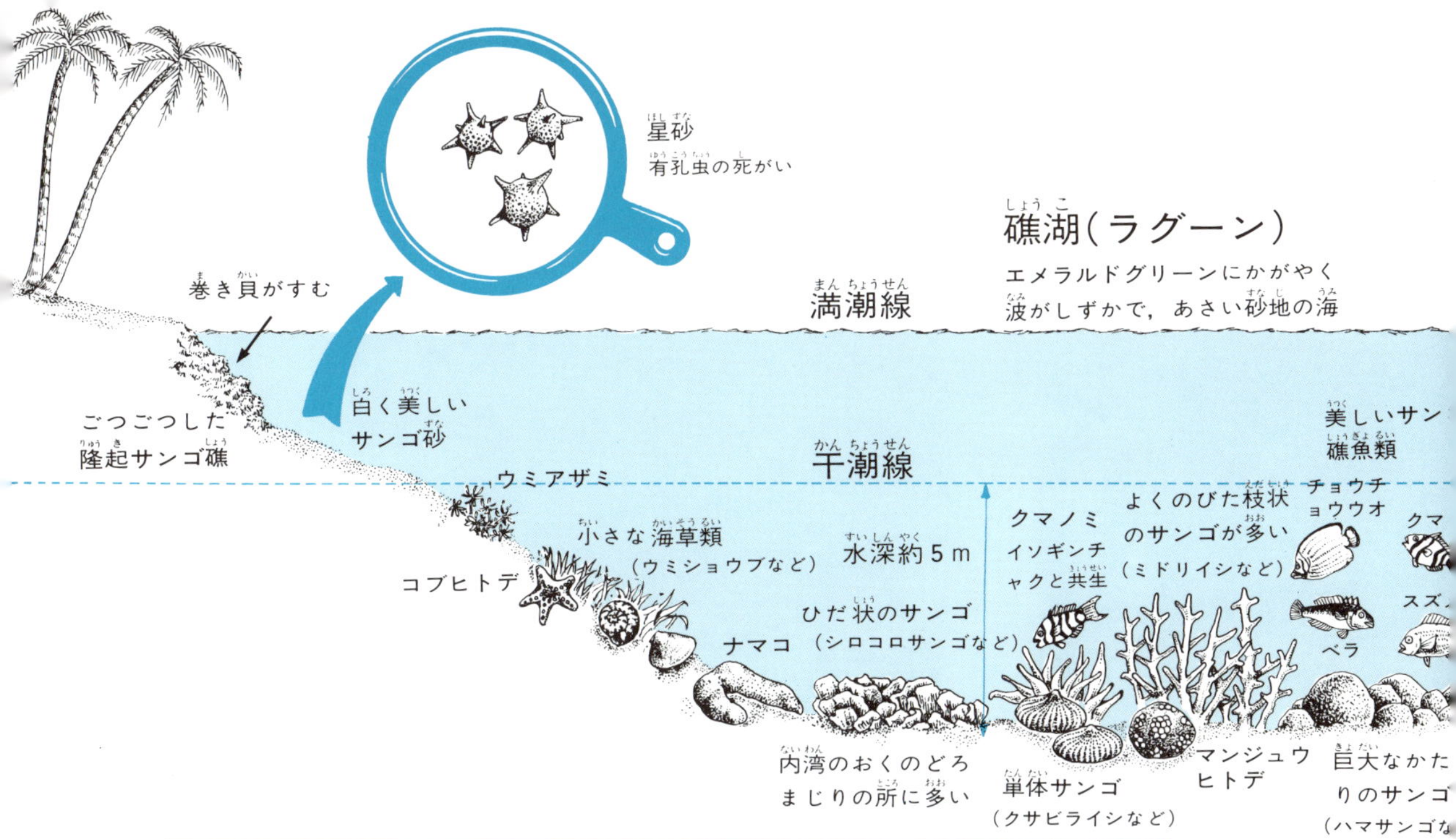

● サンゴ礁《しょう》の生《い》き物《もの》には

どんなものがいて、どれくらいいるものでしょうか？

1 腔腸動物《こうちょうどうぶつ》

軟体《なんたい》サンゴ類《るい》
- ウミキノコ類《るい》 約《やく》三十種《しゅ》
- ウミトサカ類《るい》 約《やく》十種《しゅ》
- ヤギ類《るい》 約《やく》二十種《しゅ》
- ウミカラマツ類《るい》 約《やく》五種《しゅ》

石《いし》サンゴ類《るい》
- 群体《ぐんたい》サンゴ類《るい》 塊状《かいじょう》 盤状《ばんじょう》 枝状《えだじょう》 ひだ状《じょう》 約《やく》三百種《びゃくしゅ》
- 単体《たんたい》サンゴ 丸型《まるがた》 約《やく》二十種《しゅ》
- ヒドロサンゴ 約《やく》五種《しゅ》

イソギンチャク類《るい》 約《やく》二十種《しゅ》

2 軟体動物《なんたいどうぶつ》
- 貝類《かいるい》 約《やく》五百種《ひゃくしゅ》
- 頭足類《とうそくるい》 約《やく》十種《しゅ》

3 棘皮動物《きょくひどうぶつ》
- ヒトデ類《るい》 約《やく》二十種《しゅ》
- ナマコ類《るい》 約《やく》二十種《しゅ》
- ウニ類《るい》 約《やく》二十種《しゅ》

4 脊椎動物《せきついどうぶつ》
- 魚類《ぎょるい》 約《やく》一千種《せんしゅ》

↓合計《ごうけい》二千種《せんしゅ》くらい。

にある色素《しきそ》によるものなのです。この美《うつく》しい色《いろ》で、つよい太陽《たいよう》の紫外線《しがいせん》をふせぎ、共生《きょうせい》している褐虫藻《かっちゅうそう》をまもっているのです。

＊美《うつく》しいサンゴとその死《し》

⬆沖縄県石垣島《おきなわけんいしがきじま》のサンゴ礁《しょう》の海岸《かいがん》にはえるマングローブの木《き》。

サンゴ礁《しょう》の海《うみ》は植物《しょくぶつ》プランクトンがすくないのがとくちょうです。サンゴたちは動物《どうぶつ》プランクトンをたべています。数《かぞ》えきれないほどのサンゴが、海中《かいちゅう》をただようえさをたべることによって、サンゴ礁《しょう》の海《うみ》の水《みず》はいつもきれいにすんでいます。

しかし、きれいなサンゴ礁《しょう》の海《うみ》も、そこにすむ生《い》き物《もの》たちの関係《かんけい》がくずれると、やがてちがった生《い》き物《もの》が支配《しはい》する世界《せかい》へとかわっていきます。たとえば、川《かわ》がはこんでくる物質《ぶっしつ》の中《なか》に、サンゴに消化《しょうか》できないものがあったり、なにかの原因《げんいん》でよごれた海《うみ》は、サンゴをよわらせ、ついにはほろぼしてしまいます。

このようなサンゴ礁《しょう》の島《しま》の波《なみ》うちぎわには、マングローブの木《き》が、タコ足《あし》のような根《ね》をのばしているすがたがみられます。

サンゴは海《うみ》をきれいにする生《い》き物《もの》です。では，ひとつのサンゴ礁《しょう》にはどれだけのサンゴ虫《ちゅう》がすんでいるのでしょうか——

1 1つのサンゴのサンゴ虫《ちゅう》の数《かず》

カメノコウキクメイシの場合《ばあい》，1年目《ねんめ》が7ひきなら，2年目《ねんめ》は29ひき，そして7年後《ねんご》には350ぴきにもなります。

2 1つのサンゴ礁《しょう》のサンゴ虫《ちゅう》の数《かず》

かりに，はば200メートル，長《なが》さ2キロメートル(40万《まん》m²)のサンゴ礁《しょう》があるとします。ミドリイシなら1320億《おく》ひき，キクメイシなら640億《おく》ひき，スリバチサンゴなら50億《おく》ひきものサンゴ虫《ちゅう》がすむことになります。

もちろんこれは，平面《へいめん》にすむとしての話《はなし》。じっさいには，立体的《りったいてき》に生活《せいかつ》していますから，数《かず》はさらにふえるはずです。

一九六三年《ねん》ごろから、世界各地《せかいかくち》のサンゴ礁《しょう》の海《うみ》に発生《はっせい》したオニヒトデは、わずか十年《ねん》ほどのあいだに、広大《こうだい》なサンゴ礁《しょう》をくいつぶし、死《し》の海《うみ》にしてしまいました。世界《せかい》一のサンゴ礁《しょう》といわれた、オーストラリアのグレートバリアリーフやミクロネシアの島《しま》じまも、大《おお》きなひがいをうけました。

●海《うみ》とサンゴのひとくちメモ

1 世界《せかい》一きれいな海《うみ》は？

➡大西洋《たいせいよう》の中央《ちゅうおう》にあるサルガッソー・シー。透明度《とうめいど》は66.5メートル。

2 日本《にっぽん》一きれいな海《うみ》は？

➡四国沖《しこくおき》の黒潮本流《くろしおほんりゅう》。透明度《とうめいど》は30～50メートル。

3 日本《にっぽん》の各地《かくち》の海《うみ》の透明度《とうめいど》は？

➡まず，サンゴ礁《しょう》の多《おお》い奄美大島《あまみおおしま》，沖縄《おきなわ》，石垣島《いしがきじま》などでは透明度《とうめいど》は20メートルくらいあります。ところが，海中公園地区《かいちゅうこうえんちく》のきれいなところで10～20メートル。東京湾《とうきょうわん》，瀬戸内海《せとないかい》ときたら1～5メートルしかありません。

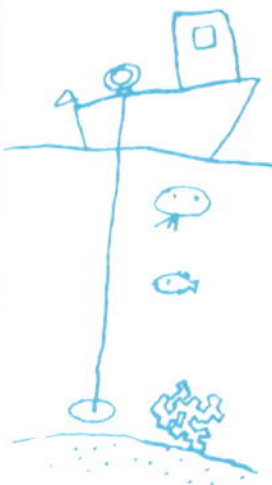

4 透明度《とうめいど》の分類《ぶんるい》(白井式《しらいしき》)

➡大《たい》へんわるい（1メートル以下《いか》）
わるい(1～5メートル)
ふつう(5～10メートル)
よい(10～20メートル)
大へんよい(20メートル以《い》上《じょう》)

5 サンゴ礁《しょう》の礁湖《しょうこ》の深《ふか》さは？

➡世界中《せかいじゅう》の平均《へいきん》で46メートル。あさい礁湖《しょうこ》で36メートル，深《ふか》いところで73メートルとほぼ一定《いってい》です。

6 サンゴ礁《しょう》の厚《あつ》さは？

➡約《やく》500メートル。日本《にっぽん》の北大東島《きただいとうじま》をボーリングしたら，431メートルほっても地盤《じばん》はサンゴでできた石灰岩《せっかいがん》でした。

7 サンゴの種類《しゅるい》が世界《せかい》一多《おお》い海《うみ》は？

➡オーストラリアのグレートバリアリーフで，76属《ぞく》356種《しゅ》。つぎに，八重山諸島《やえやましょとう》の73属《ぞく》310種《しゅ》。海《うみ》の広《ひろ》さをくらべると，八重山諸島《やえやましょとう》の海《うみ》は，世界一《せかいいち》のサンゴの宝庫《ほうこ》といえます。

●造礁《ぞうしょう》サンゴの宝庫《ほうこ》

➡(上《うえ》)オニヒトデの天敵《てんてき》ホラガイも、乱《らん》かくされているので、オニヒトデはふえるいっぽう。

➡(下《した》)オニヒトデたいじのふね。

沖縄《おきなわ》や与論島《よろんとう》のサンゴ礁《しょう》も、オニヒトデのひがいにあって、全《ぜん》めつしたところもありました。そのような海《うみ》は、サンゴのかわりに、海藻類《かいそうるい》がはびこり、いままでとはまったくちがったすがたの海《うみ》になってしまいました。

しかし、なによりも、サンゴをだめにするのは、海《うみ》の汚染《おせん》です。最近《さいきん》の海《うみ》の開発《かいはつ》によって海《うみ》はよごれ、サンゴをよわらせていることはたしかです。オニヒトデの大発生《だいはっせい》の原因《げんいん》も、こんなところにあるのではないかと考《かんが》えられています。

＊海《うみ》——そののぞましい未来《みらい》

日本最南端《にっぽんさいなんたん》の島《しま》、沖《おき》ノ《の》鳥島《とりじま》は、サンゴ礁《しょう》でできた島《しま》で、死《し》めつしたサンゴ岩《いわ》が海面上《かいめんじょう》にのこる岩礁島《がんしょうとう》です。そのまわりは、周囲《しゅうい》十一キロメートルもある、巨大《きょだい》な環礁《かんしょう》がとりまいています。島《しま》ではなく岩《いわ》だという意見《いけん》もありますが、南《みなみ》太平洋《たいへいよう》のマーシャル群島《ぐんとう》やツアモツ諸島《しょとう》、インド洋《よう》のモルディブ諸島《しょとう》なども、環礁《かんしょう》からできていますから、この主張《しゅちょう》はあたらないでしょう。

⬅世界《せかい》最大《さいだい》の造礁《ぞうしょう》サンゴ群体《ぐんたい》（アザミサンゴ）を調査《ちょうさ》中《ちゅう》の著者《ちょしゃ》。このような調査《ちょうさ》も、海《うみ》をまもるために大切《たいせつ》なことです。

造礁《ぞうしょう》サンゴ類《るい》は、このように、人《ひと》がすむ島《しま》をつくってきました。島《しま》をとりまくサンゴ礁《しょう》は、台風《たいふう》や津波《つなみ》による高波《たかなみ》から、島《しま》と人《ひと》をまもったり、魚《さかな》や貝《かい》などの食《た》べ物《もの》をそだてる場《ば》所《しょ》となっています。また、サンゴ岩《いわ》は、建築《けんちく》材料《ざいりょう》などにもつかわれています。さらに、サンゴ礁《しょう》の生《い》き物《もの》から、ガンなどの病気《びょうき》にきく科学物質《かがくぶっしつ》がつぎつぎとみつかっています。

このように、国《くに》づくりから人《ひと》づくりにまでやくだつサンゴ礁《しょう》をまもることは、私《わたし》たちの未来《みらい》をまもることにつながります。サンゴ礁《しょう》をまもるということは、それをつくっている造礁《ぞうしょう》サンゴ類《るい》を死《し》めつさせないということです。そのためには、海《うみ》の環境《かんきょう》を、いつまでも自然《しぜん》の状態《じょうたい》にしておくことが大切《たいせつ》です。私《わたし》たちが、海《うみ》をよごさないことによって、サンゴ礁《しょう》は、いつまでもいきいきとしていることでしょう。

あとがき

サンゴ礁《しょう》は、私《わたくし》が一生《いっしょう》をかけてとりくんでいる研究《けんきゅう》舞台《ぶたい》です。しかし、一生《いっしょう》かけても、永久《えいきゅう》に解《と》きつくすことのできないほどのテーマをかかえています。貝《かい》から出発《しゅっぱつ》した私《わたくし》の海中調査《かいちゅうちょうさ》は、しだいに南《みなみ》へ南《みなみ》へと黒潮《くろしお》の源流《げんりゅう》をたどって南下《なんか》していきました。沖縄諸島《おきなわしょとう》、フィリピン、インドネシア、ニューギニア、そしてオーストラリアと、はてしなくひろがっていきました。そのいずれの海《うみ》も、サンゴ礁《しょう》が主役《しゅやく》です。いやでもサンゴについて勉強《べんきょう》しなければなりませんでした。

ところがいざ研究《けんきゅう》をはじめると、まだまだサンゴについてはほとんど研究《けんきゅう》されていないことがわかりました。私《わたくし》は意欲《いよく》がわいてきました。そして、今《いま》までの海洋調査《かいようちょうさ》の経験《けいけん》と、もちまえの負《ま》けん気《き》をふるいおこして、世界《せかい》のサンゴの生態《せいたい》をまとめようと決心《けっしん》したのです。

そんなとき、この本《ほん》をまとめる話《はなし》がもちあがりました。サンゴの研究《けんきゅう》はこれからですが、今《いま》までの研究《けんきゅう》の成果《せいか》をまとめることによって、これからの研究《けんきゅう》にも、いっそうはげみがでてきます。

終始《しゅうし》ご指導《しどう》くださった江口元起《えぐちもとき》博士《はくし》と、困難《こんなん》なサンゴ調査《ちょうさ》の道《みち》に進《すす》まんとする研究所《けんきゅうじょ》の佐野芳康《さのよしやす》君《くん》に感謝《かんしゃ》します。また、この本《ほん》を出版《しゅっぱん》するきっかけをつくってくださったあかね書房の好意《こうい》に、厚《あつ》くお礼申《れいもう》しあげます。

白井祥平《しらいしょうへい》

（一九七五年六月）

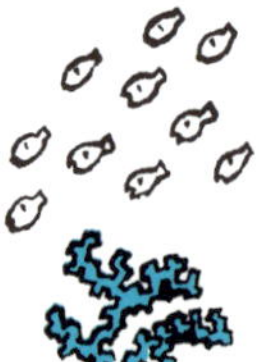

NDC483
白井祥平
科学のアルバム　動物・鳥4
サンゴ礁の世界

あかね書房 1975
54P　23×19cm

科学のアルバム
サンゴ礁の世界

一九七五年　六　月初版
二〇〇五年　四　月新装版第　一　刷
二〇二三年一〇月新装版第一四刷

著者　白井祥平

発行者　岡本光晴
発行所　株式会社 あかね書房
〒一〇一－〇〇六五
東京都千代田区西神田三－二－一
電話〇三－三二六三－〇六四一（代表）
https://www.akaneshobo.co.jp

印刷所　株式会社 精興社
写植所　株式会社 田下フォト・タイプ
製本所　株式会社 難波製本

ISBN978-4-251-03341-3
定価は裏表紙に表示してあります。
落丁本・乱丁本はおとりかえいたします。

○表紙写真
・美《うつく》しいサンゴ礁《しょう》の海中景観《かいちゅうけいかん》
（フィリピン・ボホール島《とう》・水深《すいしん》10m）

○裏表紙写真（上から）
・ミナミホソキサンゴが群生《ぐんせい》する
サンゴ礁《しょう》の崖《がけ》を泳《およ》ぐハナゴイと
ヤマブキスズメダイ
（フィリピン・ボホール島《とう》・水深《すいしん》16m）
・裾礁《きょしょう》が発達《はったつ》してできた準堡礁《じゅんほしょう》
（沖縄県《おきなわけん》・水納島《みんなじま》）
・テーブル状《じょう》ミドリイシ類《るい》が繁栄《はんえい》する
健全《けんぜん》なサンゴ礁《しょう》
（八重山諸島《やえやましょとう》・鳩間島《はとまじま》・水深《すいしん》7m）

○扉写真
・造礁《ぞうしょう》サンゴ類《るい》も太陽《たいよう》の光《ひかり》をうけて
生育《せいいく》する（仏領《ふつりょう》ポリネシア・テンガ
環礁《かんしょう》・水深《すいしん》8m）

○もくじ写真
・スリバチサンゴの一種《いっしゅ》

科学のアルバム

全国学校図書館協議会選定図書・基本図書
サンケイ児童出版文化賞大賞受賞

虫

モンシロチョウ
アリの世界
カブトムシ
アカトンボの一生
セミの一生
アゲハチョウ
ミツバチのふしぎ
トノサマバッタ
クモのひみつ
カマキリのかんさつ
鳴く虫の世界
カイコ まゆからまゆまで
テントウムシ
クワガタムシ
ホタル 光のひみつ
高山チョウのくらし
昆虫のふしぎ 色と形のひみつ
ギフチョウ
水生昆虫のひみつ

植物

アサガオ たねからたねまで
食虫植物のひみつ
ヒマワリのかんさつ
イネの一生
高山植物の一年
サクラの一年
ヘチマのかんさつ
サボテンのふしぎ
キノコの世界
たねのゆくえ
コケの世界
ジャガイモ
植物は動いている
水草のひみつ
紅葉のふしぎ
ムギの一生
ドングリ
花の色のふしぎ

動物・鳥

カエルのたんじょう
カニのくらし
ツバメのくらし
サンゴ礁の世界
たまごのひみつ
カタツムリ
モリアオガエル
フクロウ
シカのくらし
カラスのくらし
ヘビとトカゲ
キツツキの森
森のキタキツネ
サケのたんじょう
コウモリ
ハヤブサの四季
カメのくらし
メダカのくらし
ヤマネのくらし
ヤドカリ

天文・地学

月をみよう
雲と天気
星の一生
きょうりゅう
太陽のふしぎ
星座をさがそう
惑星をみよう
しょうにゅうどう探検
雪の一生
火山は生きている
水 めぐる水のひみつ
塩 海からきた宝石
氷の世界
鉱物 地底からのたより
砂漠の世界
流れ星・隕石